Ernst Probst

Das Jungacheuléen

Eine Kulturstufe der Altsteinzeit
vor etwa 350.000 bis 150.000 Jahren

Widmung
Den Prähistorikern und Prähistorikerinnen gewidmet,
die mich bei meinen Büchern über die Steinzeit unterstützt haben

Impressum:
Das Jungacheuléen
1. Auflage als Print-Buch: Juni 2019
Autor: Ernst Probst
Im See 11, 55246 Mainz-Kostheim
Telefon: 06134/21152
E-Mail: ernst.probst (at) gmx.de
Herstellung: Amazon Distribution GmbH, Leipzig
Alle Rechte vorbehalten
ISBN: 978-1-076-58762-6

Fossile menschliche Schädelreste aus Weimar-Ehringsdorf
im „Museum für Ur- und Frühgeschichte in Thüringen", Weimar.
Foto: Wolfgang Sauber / CC-BY-SA4.0 (via Wikimedia Commons),
lizensiert unter Creative-Commons-Lizenz by-sa-4.0-en,
https://creativecommons.org/licenses/by-sa/4.0/legalcode

Feuersteinspitze aus Weimar-Ehringsdorf
im „Museum für Ur- und Frühgeschichte in Thüringen", Weimar.
Foto: Wolfgang Sauber / CC-BY-SA4.0 (via Wikimedia Commons),
lizensiert unter Creative-Commons-Lizenz by-sa-4.0-en,
https://creativecommons.org/licenses/by-sa/4.0/legalcode

Vorwort

Über bedeutende Funde von Frühmenschen und Altmenschen (Neanderthaler) wird oft noch Jahrzehnte nach ihrer Entdeckung gestritten. Das ist auch bei einem 1933 geborgenen Oberschädel aus Steinheim an der Murr und einem 1978 gefundenen Schädelrest aus Reilingen bei Schwetzingen der Fall. Die Verletzungsspuren an der linken Schläfenseite des Steinheimer Frauenschädels wurden von einem Teil der Anthropologen als Zeugnis für rituell motivierten Kannibalismus gedeutet. Ein renommierter Anthropologe dagegen meinte, die linke Schläfenseite könne durch einen großen Kiesel zerstört worden sein, der in den Bergungsberichten erwähnt ist. Den Schädelrest aus Reilingen identifizierte ein Experte als Frühmenschen, den er *Homo erectus reilingensis* nannte. Andere Fachleute hingegen deuteten diesen Fund als Neanderthaler. Diese und andere Funde werden in dem Taschenbuch „Das Jungacheuléen" des Wiesbadener Wissen-schaftsautors Ernst Probst beschrieben. Das Jungacheuléen ist ein Kulturstufe der Altsteinzeit vor etwa 350.000 bis 150.000 Jahren. In dieser Zeit gab es eine Eiszeit, eine Warmzeit und erneut eine Eiszeit mit Gletschervorstößen. In der Osteifel rumorten Vulkane.

Prähistoriker Hugo Obermaier (1877–1946).
Foto: Aufnahme von 1924

Das Jungacheuléen

Aus der Zeit des Jungacheuléen vor etwa 350.000 bis 150.000 Jahren kennt man in Deutschland im Gegensatz zu früheren Stufen der Altsteinzeit bereits etliche Skelettreste, Siedlungen und Steinwerkzeuge von letzten Frühmenschen und frühen Neanderthalern. Die größere Zahl der Funde spiegelt vielleicht eine dichtere Besiedlung wider. Der Begriff Jungacheuléen wurde 1924 von dem deutschen Prähistoriker Hugo Obermaier (1877–1946) eingeführt.

Auf die Elster- und die Mindel-Eiszeit folgte vor etwa 300.000 Jahren die in ganz Deutschland vertretene Holstein-Warmzeit, die zuerst in Schleswig-Holstein floristisch nachgewiesen wurde. Den Begriff Holstein-Warmzeit hat 1922 der Berliner Geograph Albrecht Penck (1858–1945) vorgeschlagen. Das milde Klima der Holstein-Warmzeit ließ vor allem Erlen und Kiefern, daneben aber auch Eiben und Eschen gedeihen. Auf warme Zeiten deutet unter anderem das Vorkommen von Weinreben, Buchs, Stechlaub und amerikanischem Wasserfarn hin.

Zur Tierwelt der Holstein-Warmzeit gehörten Europäische Waldelefanten, Säbelzahnkatzen, Löwen, Braunbären, Waldnashörner, Waldwisente, Wildpferde, Riesenhirsche, Rothirsche und Rehe. Aus subtropischen Gebieten Asiens wanderten sogar erstmals Wasserbüffel ein. Ein weiterer Neuankömmling aus Asien war der Auerochse (auch Ur genannt)

In der Osteifel wurden vor etwa 350.000 Jahren weiterhin Vulkane aktiv. Damals kam es beispielsweise im Riedener Kessel durch den Kontakt von Magma und Grundwasser zu verheerenden Vulkankatastrophen. Spuren davon sind die bis zu anderthalb Meter mächtigen Tuff- und Bimsschichten im etwa

Geograph Albrecht Penck (1858–1945).
Foto: Library of Congress, Washington D.C.,
Prints and Photographs division,
George Grantham Bain Collection, ID ggbain 01124
(via Wikimedia Commons),
Lizenz: gemeinfrei (Public domain)

Rekonstruktion des Europäischen Waldelefanten.
Zeichnung: DFoidl / CC-BY3.0 (via Wikimedia Commons),
lizensiert unter Creative-Commons-Lizenz by-3.0-dn,
https://creativecommons.org/licenses/by/3.0/legalcode

Säbelzahnkatze Homotherium.
Zeichnung: Shuhei Tamura,
Kanagawa, Japan

Geologe Konrad Keilhack (1858–1944).
Foto: Porträt um 1884

20 Kilometer entfernten Ariendorf (Kreis Neuwied). Von einer Explosion im Wehrer Kessel vor etwa 300.000 Jahren stammen die mehr als einen Meter mächtigen Bimsschichten in Kärlich. Auf die Holstein-Warmzeit folgte vor etwa 280.000 Jahren die nach dem gleichnamigen Fluss bezeichnete Saale-Eiszeit. Der Name Saale-Eiszeit wurde 1909 von dem Berliner Geologen Konrad Keilhack (1858–1944) eingeführt. Während dieser Eiszeit stießen skandinavische Gletscher weit nach Mitteleuropa vor, so fast bis Düsseldorf, Krefeld und Geldern. Über Kleve verlief der Eisrand nach Holland. Auch in der Saale-Eiszeit kamen die Vulkane der Osteifel nicht zur Ruhe. In diesem Abschnitt brachen im Mittelrheingebiet die Vulkane Schweinskopf am Karmelenberg, Wannen, Plaidter Hummerich und Tönchesberg aus.

Die sinkenden Durchschnittstemperaturen und die verkürzte Vegetationsperiode führten in der Saale-Eiszeit dazu, dass sich in Deutschland wie in früheren Eiszeiten wieder Tundren und Steppen bildeten. Dort erschienen neben Fellnashörnern nur erstmals auch Mammute (*Mammuthus primigenius*).

Die Mammute erreichten mit einer maximalen Schulterhöhe von drei Metern nicht ganz die Größe der heutigen Afrikanischen Elefanten. Ihre Stoßzähne waren bis zu vier Meter lang und pro Stück etwa 150 Kilogramm schwer. Mammute konnten dank ihres dichten rötlich-braunen Felles mit bis zu 35 Zentimeter langen Wollhaaren und darüber halbmeterlangen Deckhaaren selbst grimmiger Kälte trotzen. Hierbei halfen ihnen außerdem die etwa drei Zentimeter dicke Haut und eine starke Fettschicht. Die maximal sechs Tonnen schweren Mammute fraßen täglich bis zu 300 Kilogramm Pflanzennahrung.

Die Saale-Eiszeit wurde vor schätzungsweise 250.000 Jahren durch die nach einem holländischen Fundort benannte

Rekonstruktion eines Mammuts.
Zeichnung: Othenio Abel (1875–1946)

Lebensbild eines Fellnahorns.
Zeichnung: Heinrich Harder (1858–1935)

Geograph Eduard Brückner (1862–1927).
Foto: Porträt vor 1927

Hoogeven-Warmzeit unterbrochen. Der Begriff Hoogeven-Warmzeit wurde 1973 von dem holländischen Geologen Waldo H. Zagwijn aus Haarlem geprägt. Diese Warmzeit dürfte zeitlich der Wacken-Warmzeit und der Dömnitz-Warmzeit entsprochen haben, die in Schleswig-Holstein und in Ostdeutschland nach gewiesen wurden. Die Wacken-Warmzeit erhielt ihre Bezeichnung 1968 durch den Kieler Geologen Burchard Menke. Sie ist nach dem Fundort Wacken in Holstein benannt. Der Begriff Dömnitz-Warmzeit wurde 1964 auf der „12. Tagung der Deutschen Quartärvereinigung" in Lüneburg durch den Geologen Klaus Erd aus Berlin eingeführt. Publiziert wurde der Beitrag dann als Kurzreferat des Fachvortrages ein Jahr später. Die Dömnitz ist ein kleines Flüsschen bei Pritzwalk. Als zeitlich mit der Saale-Eiszeit in Norddeutschland identisch wird die nach einem rechten Nebenfluss der Donau benannte Riß-Eiszeit in Süddeutschland betrachtet.Der Name Riß-Eiszeit wurde 1909 von dem Berliner Geographen Albrecht Penck und dem aus Deutschland stammenden Wiener Geographen Eduard Brückner (1862–1927) geprägt. Während dieser Eiszeit überquerte der Rheingletscher bei Sigmaringen in Baden-Württemberg die Donau und staute den Fluss zu einem riesigen See auf. Der Lechgletscher stieß bis Wörishofen vor. Der Loisachgletscher hinterließ zwischen Landsberg und Merching seine Spuren. Der Isargletscher rückte bis auf weniger als 20 Kilometer Entfernung an München heran. Der Inn-Chiemsee-Gletscher begrub die Landschaft im Raum Markt Schwaben, Erding, Isen, Bierwang und Trostberg unter mächtigem Eis. Nördlich der süddeutschen Gletscher erstreckte sich eine Tundra, in der Steppenmammute, Mammute, Fellnashörner, Steppenwisente, Wildpferde, Riesenhirsche und Rothirsche lebten. Außerdem gab es Höhlenbären und Löwen.

Lebensgroßes Modell eines erwachsenen männlichen Höhlenbären im „Bündner Natur-Museum" in Chur

Lebensbild eines Höhlenlöwen.
Zeichnung: Heinrich Harder (1858–1935)

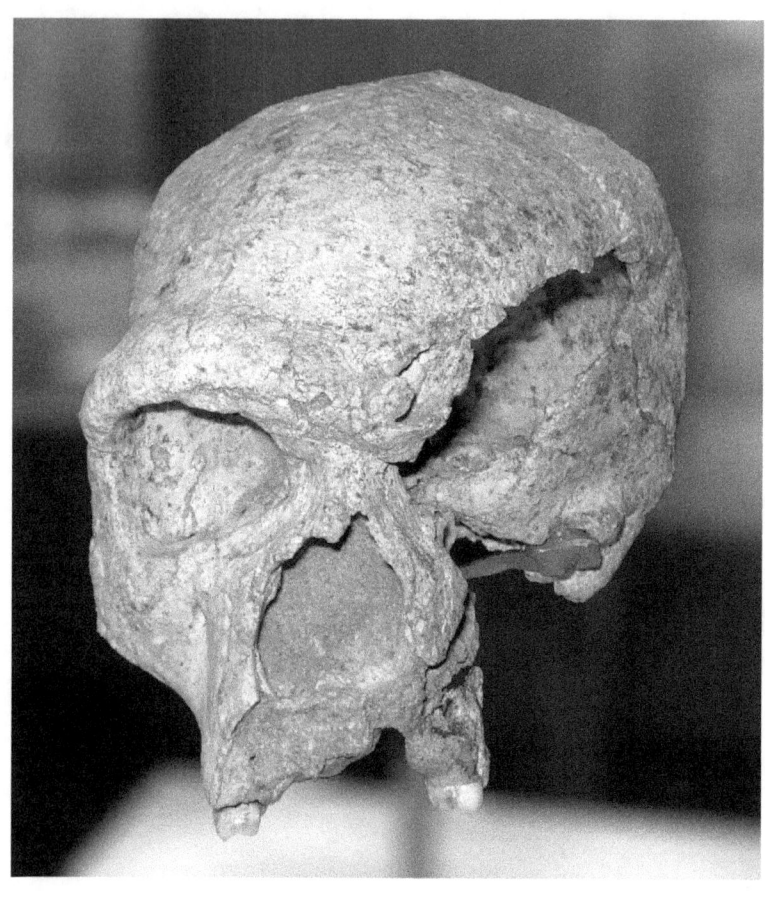

Oberschädel des Steinheim-Menschen (Homo steinheimensis)
im „Staatlichen Museum für Naturkunde" in Stuttgart.
Foto: Dr. Günter Bechly / CC-BY-SA3.0 (via Wikimedia Commons),
lizensiert unter Creative-Commons-Lizenz by-sa-3.0-de,
https://creativecommons.org/licenses/by-sa/3.0/legalcode

Umstritten ist der dritte Nachweis des Frühmenschen *Homo erectus* aus Deutschland, den 1986 der Tübinger Anthropologe Alfred Czarnetzki (1937–2013) meldete. Dabei handelt es sich um den hinteren Teil eines Schädels aus einer Kiesgrube in Reilingen bei Schwetzingen in Baden-Württemberg. Vorausgegangen waren die Funde von Mauer bei Heidelberg in Baden-Württemberg (etwa 630.000 Jahre) und Bilzingsleben in Thüringen (etwa 400.000 Jahre). Der Fundort Reilingen liegt im Bereich einer ehemaligen Schlinge des eiszeitlichen Rheins. Der Schädelrest war im Mai 1978 von dem Baggerführer Helmut Dautel aus Reilingen auf dem Förderband der Kiesgrube entdeckt worden. Er wurde dem „Staatlichen Museum für Naturkunde in Stuttgart" übergeben. Dort zeigte 1984, der Stuttgarter Paläontologe Karl Dietrich Adam (1921–2012) dem Anthropologen Czarnetzki die bis dahin nicht genauer untersuchten Schädelreste und überließ sie diesem großzügigerweise zur wissenschaftlichen Untersuchung. Czarnetzki stellte an den Schädelresten am Übergang vom Hinterhaupt zum Nackenmuskelfeld einen markanten Knick von etwa 109 Grad fest der als typisches Merkmal des Frühmenschen *Homo erectus* gilt. 1991 schlug er für diesen Frühmenschen den Namen *Homo erectus reilingensis* vor. Das hohe geologische Alter dieses Fundes wurde jedoch zunächst von dem Stuttgarter Paläontologen Karl Dietrich Adam und später auch von dem Berliner Anthropologen Lothar Schott bezweifelt. 2019 schwankten die Altersangaben für den Reilinger Schädelrest zwischen 125.000 und 385.000 Jahren.

Einer der am besten erhaltenen und aussagekräftigsten Menschenschädel aus dem Jungacheuléen ist der einer jungen Frau aus Steinheim an der Murr (Kreis Ludwigsburg) in Baden Württemberg. Diese Frau war vermutlich vor mehr als 300.000 Jahren gestorben. Ihr Schädel besaß bereits den für die

Anthropologe Alfred Czarnetzki (1937–2013).
Foto: Dr. Alfred Czarnetzki

Menschen der Gegenwart typischen fünfeckigen Umriss und eine tiefliegende Nasenwurzel mitsamt Wangengruben, die unseren heutigen gleichen. Das Fassungsvermögen des Schädelinnenraumes beträgt etwa 1.100 Kubikzentimeter. Das sind rund 200 Kubikzentimeter weniger als bei einer jetzigen mittel europäischen Frau. Da die Zähne der Steinheimerin im Oberkiefer- der Unterkiefer fehlt, nicht stark abgekaut sind, dürfte sie im dritten Lebensjahrzehnt gestorben sein. Der Steinheimer Frauenschädel wurde am 24. Juli 1933 in de Sandgrube Sigrist entdeckt. Karl Sigrist, der Sohn des Grubenbesitzers, meldete der damaligen „Württembergischen Naturaliensammlung" in Stuttgart – der Vorläuferin des heutigen Naturkundemuseums – telefonisch einen affenartigen Schädelfund. Über diesem hatten etwa fünf Meter mächtige eiszeitliche Schotter gelegen. Am Tag darauf barg der Stuttgarter Oberpräparator Max Böck (1877–1945) den Schädel. Die wissenschaftliche Untersuchung oblag dem Stuttgarter Paläontologen Fritz Berckhemer (1890–1954), der den Fund 1934 als *Homo steinheimensis* beschrieb. Heute wird er von einem Teil der Wissenschaftler der Präsapiens Stufe *(Homo sapiens praesapiens)* zugerechnet, von anderen Experten jedoch den Anteneanderthalern *(Homo sapiens anteneanderthalensis)* oder den frühen Neanderthalern zugeordnet. Während des NS-Regimes wollte man in der Steinheimerin die lange gesuchte Ahnherrin der nordischen Rasse sehen. Die Verletzungsspuren am Steinheimer Frauenschädel werden als Hinweis auf rituell motivierten Kannibalismus diskutiert.
Ähnlich hohes Alter wie der Fund aus Steinheim an der Murr hat vielleicht auch ein menschliches Zahnbruchstück aus einem Travertinsteinbruch von Bad Cannstatt in Baden-Württemberg. Es handelt sich um eine Eckzahnkrone. Der Tübinger Anthropologe Czarnetzki schrieb sie einem Früh-

*Führung zur Höhlenruine Hunas unweit von Hartmanshof
(Kreis Nürnberger Land) in Bayern am 16. Oktober 2016.
Foto: Derzno / CC-BY-SA3.0 (via Wikimedia Commons),
lizensiert unter Creative-Commons-Lizenz by-sa-3.0-en,
https://creativecommons.org/licenses/by-sa/3.0/legalcode*

menschen zu, der Stuttgarter Paläontologe Adam dagegen einem Rothirsch. Der bescheidene Fund kam 1980 bei Ausgrabungen des Stuttgarter Prähistorikers Eberhard Wagner zum Vorschein.

Aus der Höhlenruine von Hunas unweit von Hartmannshof (Kreis Nürnberger Land) in Mittelfranken barg man einen rechten dritten Backenzahn, der mehr als 250.000 Jahre alt sein soll und daher von einem frühen Neanderthaler herrühren könnte. Dieser Zahn wurde 1976 von dem Präparator Albert J. Günther bei Ausgrabungen des „Instituts für Paläontologie" der „Universität Erlangen-Nürnberg" entdeckt, die unter der Leitung des Paläontologen Josef Theodor Groiß standen.

Mit frühen Neanderthalern werden auch die in den Travertinsteinbrüchen von Ehringsdorf bei Weimar gefundenen Teile von Schädeln, ein Oberkieferbruchstück, Unterkieferbruchstücke und das deformierte Schädeldach einer Frau in Zusammenhang gebracht. Die Datierungen dieser Funde sind jedoch sehr umstritten. Sie erstrecken sich über einen Zeitraum von etwa 260.000 bis 115.000 Jahren. Die ersten menschlichen Skelettreste in Ehringsdorf wurden 1908 von dem Steinbruchbesitzer Robert Fischer (1882–1959) entdeckt. Danach gelangen zahlreiche weitere Funde, von denen das Fundjahr nicht immer bekannt ist.

Sogar an einem bruchstückhaften Knochenrest können Anthropologen gelegentlich Spuren von Krankheiten erkennen. Zum Beispiel weist der Unterkiefer eines mutmaßlichen frühen Neanderthalers aus Ehringsdorf eindeutige Anzeichen von Knochenmarkeiterung und eitriger Zahnbetterkrankung (Parodontose) auf.

Zu den ältesten Siedlungen des Jungacheuléen gehört die von Ariendorf bei Bad Hönningen im Mittelrheingebiet (Rhein-

*Eingang zur Großen Kakushöhle bei Eiserfey (Kreis Euskirchen)
in der Eifel (Nordrhein-Westfalen).
Foto: Alupus / CC-BY-SA3.0 (via Wikimedia Commons),
lizensiert unter Creative-Commons-Lizenz by-sa-3.0-de.
https://creativecommons.org/licenses/by-sa/3.0/legalcode*

land-Pfalz). Sie wird auf etwa 350.000 Jahre datiert. In Ariendorf hinterließen Frühmenschen außer Jagdbeuteresten von Nashorn, Wildpferd und Hirsch einige Steinwerkzeuge. Auf diese Siedlungsstelle war 1981 der Kölner Prähistoriker Gerhard Bosinski bei einem seiner Streifzüge durch das Neuwieder Becken gestoßen.

Im Mittelrheingebiet befindet sich auch die Siedlung auf dem Vulkan Schweinskopf, die vor etwa 350.000 Jahren bestand. Dort lagerten Frühmenschen im Schutze eines Kraterwalles in Nachbarschaft einer kleinen Wasserfläche, die sich in der Kratermulde gebildet hatte. Auch hier konnte man nur bescheidene Hinweise für die Anwesenheit von Frühmenschen finden. Die Siedlungsstelle auf dem Schweinskopf wurde im März 1983 von dem Sammler Karl-Heinz Urmersbach und dessen Sohn Andreas aus Weißenthurm entdeckt, als sie einen Faustkeil und einen Breitschaber aus Quarz bargen. Doris Winter von der Forschungsstelle Altsteinzeit in Neuwied nahm dann Ausgrabungen vor.

In die Zeit vor etwa 350.000 Jahren dürften auch Jagdbeutereste und Steinwerkzeuge gehören, die am Kartsteinloch bei Eiserfey (Kreis Euskirchen) in der Eifel (Nordrhein-Westfalen) in Ablagerungen einer kalkhaltigen Quelle zum Vorschein kamen. Der Kartstein ist eine 30 Meter hohe Dolomitklippe mit zwei Höhlen und mehreren Nischen. Er wird nach dem angeblich in einer Höhle am Tiber hausenden Riesen Kakus auch Kakusfelsen – und die große Höhle Kakushöhle – genannt.

Die Siedlungen von Ariendorf, auf dem Schweinskopf und am Kartstein sind von letzten Frühmenschen der Art *Homo erectus* angelegt worden. Daneben gab es im Jungacheuléen aber auch Siedlungen, die mit frühen Neanderthalern in Verbindung gebracht werden.

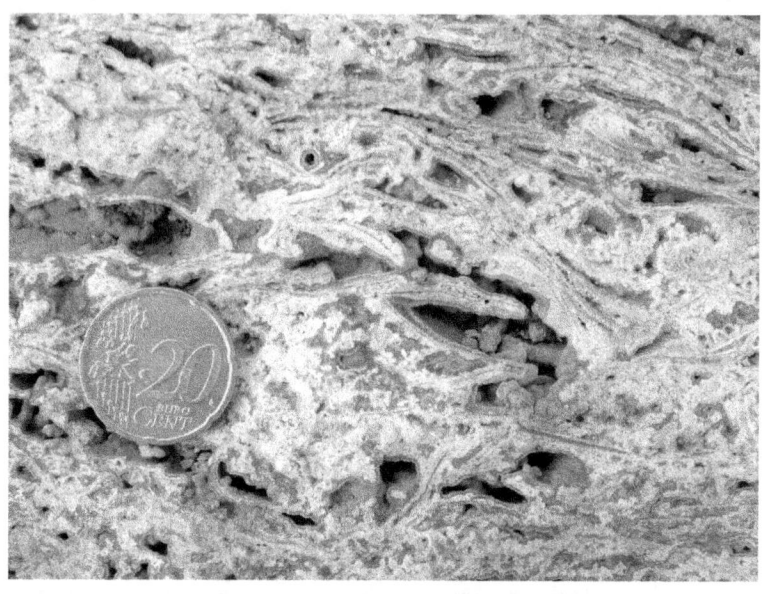

Travertin vom Steinbuch Ehringsdorf bei Weimar in Thüringen.
Foto: Geolina163 / CC-BY-SA3.0 (via Wikimedia Commons)
lizensiert unter Creative-Commons-Lizenz by-sa-3.0-de,
https://creativecommons.org/licenses/by-sa/3.0/legalcode

Von frühen Neanderthalern dürften die Siedlungsspuren aus der erwähnten Höhlenruine von Hunas unweit von Hartmannshof stammen. Diese Funde aus Bayern werden in die süddeutsche Riß-Eiszeit datiert und sollen mehr als 250.000 Jahre alt sein. Die zerfallene Höhle bei Hunas ist im Mai 1956 von dem Erlanger Paläontologen Florian Heller (1905–1978) entdeckt und ausgegraben worden. Dabei kamen auch Steinwerkzeuge zum Vorschein.

Frühen Neanderthalern rechnet man auch Siedlungsfunde aus den verschiedenen übereinanderliegenden Feuerstellenschichten von Ehringsdorf bei Weimar in Thüringen zu, die von manchen Experten für mehr als 200.000 Jahre alt gehalten werden. Gleiches gilt für Funde aus Mönchengladbach-Rheindahlen (Ostecke), die mehr als 150.000 Jahre alt sein sollen. Die frühen Neanderthaler waren tapfere und erfolgreiche Jäger. In Ehringsdorf erlegten sie gern Waldnashörner und daneben Europäische Waldelefanten. Solche tonnenschweren Tiere garantierten große Fleischmengen. In Ehringsdorf wurde die Jagd auf derart riesige Tiere vielleicht dadurch erleichtert, dass diese beim Gang zur Tränke manchmal in den Kalkschlammtümpeln in natürliche Fallen gerieten.

Über die Kleidung der Frühmenschen und frühen Neanderthaler kann man lediglich spekulieren, da keine Reste davon bekannt sind. Während der warmen Sommer einer Warmzeit dürfte eine Art von Lendenschurz als einziges Bekleidungsstück genügt haben. In regnerischen Wintern musste man sich wohl besser einhüllen. Und das Leben in der Saale-Eiszeit ist dagegen ohne wärmende Kleidung, die außer dem Körper auch die Arme, Beine und Füße bedeckte, kaum vorstellbar.

Aus dem Jungacheléen liegen in Deutschland seltene und oft fragliche Geweih-, Knochen- und sogar Elfenbeinwerkzeuge vor. Auch in dieser Kulturstufe wurden neben anderen Werk-

Prähistoriker Dietrich Mania.
Foto: Archiv Friedrich-Schiller-Universität Jena

zeugformen weiterhin Faustkeile angefertigt. Manche von ihnen wirken über das notwendige Maß hinaus perfekt und form-schön.

Vor mehr als 250.000 Jahren dürften massive und grob bearbeitete ovale oder gestreckte Faustkeile sowie Hackgeräte (Cleaver) auf der Hügelkuppe „Reutersruh" bei Ziegenhain in Hessen hergestellt worden sein. Sie bestehen zumeist aus örtlich vorkommendem Quarz. Diese Steinwerkzeuge wurden im Dezember 1938 von dem Lehrer Adolf Luttrop (1896–1984) aus Steina im Auffüllmaterial für einen Weg vor seinem Haus entdeckt. Er konnte den Herkunftsort – eine Sandgrube auf der „Reutersruh" am Rand des Schwalmtales – ausfindig machen und weitere Werkzeuge verschieden hohen Alters bergen.

Ähnlich alte Steinwerkzeuge wurden in Ablagerungen der Unstrut bei Memleben (Kreis Nebra) in Thüringen und in Wallendorf (Kreis Merseburg) in Sachsen-Anhalt entdeckt. Sie sind in Clacton-Technik angefertigt.

Die Funde bei Memleben wurden 1975 durch den Prähistoriker Dietrich Mania aus Halle/Saale sowie den Ingenieur und Amateur-Archäologen Georg Cubuk (1928-1984) aus Düssel-dorf entdeckt.

Ein altbekannter Fundplatz von weniger als 200.000 Jahren alten Steinwerkzeugen aus der Saale-Eiszeit ist Markkleeberg bei Leipzig. Dort entdeckte der Geologe Franz Etzold (1859–1928) aus Leipzig bereits 1895 in einer Kiesgrube ein eindeutig von Menschenhand bearbeitetes Feuersteinwerkzeug. 1905 fand der Gymnasiast Karl Hermann Jacob (1866–1960) in einer Kiesgrube südlich von Markkleeberg zwei Feuersteinabschläge. Bis 1913 konnte er an diesem Fundort mehr als 300 Artefakte sammeln. Noch viel umfangreicher war die Ausbeute in den Jahren 1977 bis 1980 im Braunkohlentagebau bei Markkleeberg.

Landschaftsmaler und Heimatforscher Eugen Bracht (1842–1921).
Foto: Porträt vor 1912

Dort wurden etwa 4.500 Feuersteinartefakte geborgen. Sie sind aus Geröllen nordischen Feuersteins angefertigt, die am Rande des Pleiße-Gösel-Tales zu Tausenden vor kommen. Die meisten Artefakte waren Abschläge. Insgesamt wurden nur fünf fertige Faustkeile gefunden.

Zu den Fundorten in Ostdeutschland mit Steinwerkzeugen aus der Saale-Eiszeit gehören unter anderem Zehmen südlich von Markkleeberg, Gröbern zwischen Markkleeberg und Zehmen, Böhlen im Kreis Borna (alle in Sachsen) sowie Hundisburg im Kreis Haldensleben (Sachsen-Anhalt). Die Fundstelle Hundisburg ist seit 1904 durch die Veröffentlichungen des Rechtsanwalts und Heimatforschers Paul Favreau aus Neuhaldensleben wie des Landschaftsmalers und Heimatforschers Eugen Bracht (1842–1921) aus Dresden bekannt. 1938 wurde das Dorf Neuhaldensleben der Stadt Haldensleben eingemeindet.

In Nordrhein-Westfalen hat vor allem die Ziegeleigrube Dreesen in Mönchengladbach-Rheindahlen zahlreiche saaleeiszeitliche Werkzeugfunde geliefert. Auf deren Areal sind mehrere Fund- und Siedlungshorizonte altsteinzeitlicher Jäger und Sammler entdeckt worden. Den ersten Fund hatte 1915 der Mönchengladbacher Realschullehrer Heinrich Brockmeier (1857–1941) geborgen und bekannt gemacht. In die Saale-Eiszeit werden die Fundschichten B5 und B 3 und vielleicht auch B2 von Mönchengladbach datiert. Allein in B3 konnte man etwa 10.000 Steinartefakte bergen, die teilweise in Clacton-Technik, aber auch in Levallois-Technik, zugeschlagen sind. Zum Werkzeugspektrum von B3 gehören vor allem Spitzen und Schaber, daneben Haugeräte (Choppers, Chopping-tools) aus Quarz und Quarzit, zahlreiche Abfälle und drei Sandsteinplatten mit Schleifspuren. Weitere Fundorte von Werkzeugen saaleeiszeitlichen Alters in Nordrhein-Westfalen sind Herne, Selm-

Ternsche (Kreis Lüdinghausen) und Bielefeld-Johannistal. Die Steinwerkzeuge von Selm-Ternsche wurden 1934 bei der Erweiterung des Dortmund-Ems-Kanals in einer Sandgrube gefunden. Die Feuersteinwerkzeuge von Bielefeld-Johannistal wurden 1970 durch den Heimatforscher Walter Adrian aus Bielefeld im Aushub eines Kanalgrabens entdeckt. Adrian war damals Leiter des von ihm eingerichteten „Hausmuseums zur Geschichte der Hausbäckerei" bei der Firma Oetker in Bielefeld. Als die bisher ältesten in Niedersachsen gefundenen Werkzeuge gelten zwei Faustkeile aus Hemmingen (Kreis Hannover), die der Schriftsteller Hans-Joachim Haecker aus Hannover 1970 entdeckt hat. Sie stammen aus Schichten vor der Saale-Eiszeit und sind damit mehr als 250.000 Jahre alt. Saale eiszeitliche Steinwerkzeuge kamen in Hannover-Döhren, Reethen (Kreis Hannover) sowie im Raum von Lübbow (Kreis Lüchow-Dannenberg) zum Vorschein. Die Funde von Hannover-Döhren im Leinetal westlich des Flusses stammen aus drei Baggergruben. Die ersten Funde glückten 1931 dem Lehrer Plasse (1864–1935) aus Arnum. Später lieferte der Sammler August Gassmann dem Landesmuseum in Hannover weitere Artefakte. Die Funde aus dem Raum Lübbow stammen aus frühsaaleeiszeitlichen Schmelzwasserablagerungen, die in Kiesgruben zugänglich sind. Sie werden seit 1961 von zahlreichen rührigen Sammlern gesucht und für wissenschaftliche Untersuchungen zur Verfügung gestellt. Im Raum von Lübbow fanden folgende Sammler Artefakte: Gerhard Voelkel, Ewald Müller, Werner Schütte, Siegfried Schramm (alle aus Lüchow), Erich Weiß (Hannover), Peter Blaffert (Esslingen), Hartmut Sitarek (Soltau), Hermann Leunig (Celle), Fritz Stoß-meister (Seevetal), Walter Gauger (Leiter der Geschiebe-sammlergruppe Lüneburg), Heinz-Jürgen Wilke (Hamburg). Ein großer Teil der Fundstücke aus diesem Gebiet entspricht weitgehend dem Erscheinungsbild derjenigen von Markkleeberg in Sachsen.

Steinwerkzeuge aus Schichten der Saale-Eiszeit im Raum Hamburg deuten darauf hin, dass sich frühe Neanderthaler während vorübergehender Rückzugsphasen der skandinavischen Gletscher bis in diese Gegend vorwagten. Berühmt sind vor allem die von dem Hamburg-Altonaer Großkaufmann und Sammler Gustav Steffens (1888–1973) seit 1938 zusammengetragenen Stücke. Er hat seine Funde entlang des Elbufers von Övelgönne bis Wittenbergen im Bereich von Hamburg-Altona der Altonaer Gruppe zugeordnet. Diese ähneln stark den Werkzeugen von Clacton-on-Sea in England. Zeitlich etwas jüngere Funde vom hohen Elbufer bei Wedel-Schulau im Raum Hamburg rechnete Steffens der Wedeler Gruppe zu. In der Saale Eiszeit dürften auch die 1933 von dem Hamburger Kunsthandwerker Otto Karl Pielenz (1887–1980) entdeckten Feuersteinwerkzeuge zurechtgeschlagen worden sein.

Als Hinterlassenschaften von Jägern aus der Saale-Eiszeit diskutiert man auch einen 9,5 Zentimeter langen Faustkeil von Drelsdorf im Kreis Nordfriesland, dessen Oberseite durch Sandstürme feingeschliffen wurde.

Über die geistige Vorstellungswelt der Frühmenschen der Art *Homo erectus* im Jungacheuléen weiß man wenig. Nach dem Schädelrest von Reilingen zu schließen, sind Verstorbene nicht bestattet worden, dies war auch in anderen Teilen der damals von Frühmenschen bewohnten Welt nicht üblich. Da man nur Schädelreste, aber keine Teile vom übrigen Skelett fand, kann man darüber spekulieren, ob damals der Kopf und der Körper von Toten unterschiedlich behandelt worden sind.

Als Schlüsselfund für die Gedankenwelt der Menschen im Jungacheuléen wird von vielen Prähistorikern der Oberschädel

Rekonstruktion des Steinheim-Menschen.
Zeichnung: Fritz Wendler (1941–1995)
für das Buch „Deutschland in der Steinzeit" (1991)
von Ernst Probst

der erwähnten Frau aus Steinheim an der Murr betrachtet. Deren schwere Verletzungsspuren an der linken Schläfenseite hat der Tübinger Anatom und Anthropologe Wilhelm Gieseler (1900–1976) als Zeugnis für rituell motivierten Kannibalismus gedeutet. Er vertrat die Auffassung, ein Zeitgenosse dieser Frau habe mit einem stumpfen Gegenstand deren linke Schädelseite eingeschlagen. Nach dem Tode müsse der Kopf vom Hals getrennt und das Hinterhauptsloch (Foramen magnum) erweitert worden sein, damit man das Gehirn entnehmen und zehren konnte. Dieser Theorie schlossen sich zahlreiche Experten an.

Im Gegensatz dazu meinte jedoch der Tübinger Anthropologe Czarnetzki, die linke Schläfenseite der Steinheimerin könne durch einen großen Kiesel zerstört worden sein, der in Bergungsberichten erwähnt wird. Und der Defekt am Hinterhauptsloch wäre durch den Druck auflastender Schichten erklärbar, weil an dieser Stelle der Schädel besonders dünn ist. Als Zeugnis von rituell motiviertem Kannibalismus wird auch das deformierte Schädeldach einer mutmaßlichen frühen Neanderthalerin von Ehringsdorf bei Weimar zitiert. Es ist jedoch umstritten, ob dieses Schädeldach durch die Auflast darüber liegender Schichten zerdrückt, durch Frost gesprengt oder von Zeitgenossen der Frau zertrümmert wurde. Das Schädeldach war am 21. September 1925 nach einer Sprengung in 18 Meter Tiefe in oder dicht unter einer Brandschicht ans Tageslicht gekommen. Es wurde durch den erwähnten Steinbruchbesitzer Robert Fischer und den Weimarer Präparator Ernst Lindig (1869–1934) entdeckt und geborgen.

Autor Ernst Probst.
Foto: Klaus Benz, Fotograf, Mainz-Laubenheim

Der Autor

Ernst Probst, geboren am 20. Januar 1946 in Neunburg vorm
Wald im bayerischen Regierungsbezirk Oberpfalz, ist Journalist
und Wissenschaftsautor. Er arbeitete von 1968 bis 1971 bei
den „Nürnberger Nachrichten", von 1971 bis 1973 in der
Zentralredaktion des „Ring Nordbayerischer Tageszeitungen"
in Bayreuth und von 1973 bis 2001 bei der „Allgemeinen
Zeitung", Mainz. In seiner Freizeit schrieb er Artikel für die
„Frankfurter Allgemeine Zeitung", „Süddeutsche Zeitung",
„Die Welt", „Frankfurter Rundschau", „Neue Zürcher Zei-
tung", „Tages-Anzeiger", Zürich, „Salzburger Nachrichten",
„Die Zeit", „Rheinischer Merkur", „Deutsches Allgemeines
Sonntagsblatt", „bild der wissenschaft", „kosmos", „Deutsche
Presse-Agentur" (dpa), „Associated Press" (AP) und den
„Deutschen Forschungsdienst" (df). Aus seiner Feder stam-
men die Bücher „Deutschland in der Urzeit" (1986), „Deutsch-
land in der Steinzeit" (1991), „Rekorde der Urzeit" (1992),
„Dinosaurier in Deutschland" (1993 zusammen mit Raymund
Windolf) und „Deutschland in der Bronzezeit" (1996). Von
2001 bis 2006 betätigte sich Ernst Probst als Buchverleger sowie
zeitweise als internationaler Fossilienhändler und Antiquitäten-
händler. Insgesamt veröffentlichte er mehr als 300 Bücher,
Taschenbücher, Broschüren und über 300 E-Books.

Bücher von Ernst Probst

(Auswahl)

Als Mainz im Meer lag
Als Mainz noch nicht am Rhein lag
Der Europäische Jaguar
Der Mosbacher Löwe. Die riesige Raubkatze aus
Wiesbaden
Der Rhein-Elefant. Das Schreckenstier von Eppelsheim
Der Ur-Rhein. Rheinhessen vor zehn Millionen Jahren
Deutschland im Eiszeitalter
Deutschland in der Frühbronzezeit
Deutschland in der Mittelbronzezeit
Deutschland in der Spätbronzezeit
Die Aunjetitzer Kultur in Deutschland
Die Straubinger Kultur in Deutschland
Die Singener Gruppe
Die Arbon-Kultur in Deutschland
Die Ries-Gruppe und die Neckar-Gruppe
Die Adlerberg-Kultur
Der Sögel-Wohlde-Kreis
Die nordische Bronzezeit in Deutschland
Die Hügelgräber-Kultur in Deutschland
Die ältere Bronzezeit in Nordrhein-Westfalen
Die Bronzezeit in der Lüneburger Heide
Die Stader Gruppe
Die Oldenburg-emsländische Gruppe
Die Urnenfelder-Kultur in Deutschland
Die ältere Niederrheinische Grabhügel-Kultur

Die Unstrut-Gruppe
Die Helmsdorfer Gruppe
Die Saalemündungs-Gruppe
Die Lausitzer Kultur in Deutschland
Die Dolchzahnkatze Megantereon
Die Dolchzahnkatze Smilodon
Die Säbelzahnkatze Homotherium
Die Säbelzahnkatze Machairodus
Die Schweiz in der Frühbronzezeit
Die Rhône-Kultur in der Westschweiz
Die Arbon-Kultur in der Schweiz
Die Schweiz in der Mittelbronzezeit
Die Schweiz in der Spätbronzezeit
Dinosaurier von A bis K. Von Abelisaurus bis zu
Kritosaurus
Dinosaurier von L bis Z. Von Labocania bis zu
Zupaysaurus
Der rätselhafte Spinosaurus. Leben und Werk des Forschers
Ernst Stromer von Reichenbach
Eiszeitliche Geparde in Deutschland
Eiszeitliche Leoparden in Deutschland
Höhlenlöwen. Raubkatzen im Eiszeitalter
Hermann von Meyer. Der große Naturforscher aus
Frankfurt am Main
Johann Jakob Kaup. Der große Naturforscher aus
Darmstadt
Krallentiere am Ur-Rhein
Neues vom Ur-Rhein. Interview mit dem Geologen und
Paläontologen Dr. Jens Sommer
Österreich in der Frühbronzezeit
Österreich in der Mittelbronzezeit

Österreich in der Spätbronzezeit
Raub-Dinosaurier von A bis Z. Mit Zeichnungen von
Dmitry Bogdanav und Nobu Tamura
Rekorde der Urmenschen. Erfindungen, Kunst und
Religion
Rekorde der Urzeit. Landschaften, Pflanzen und Tiere
Säbelzahnkatzen. Von Machairodus bis zu Smilodon
Säbelzahntiger am Ur-Rhein. Machairodus und
Paramachairodus
Was ist ein Menhir? Interview mit dem Mainzer
Archäologen Dr. Detert Zylmann
Wer ist der kleinste Dinosaurier? Interviews mit dem
Wissenschaftsautor Ernst Probst
Wer war der Stammvater der Insekten? Interview mit dem
Stuttgarter Biologen und Paläontologen Dr. Günther
Bechly
6000 Jahre Kastel. Von der Steinzeit bis zum 21.
Jahrhundert
5000 Jahre Kostheim. Von der Steinzeit bis zum 21.
Jahrhundert
Kastel in der Vorzeit. Von der Jungsteinzeit bis Christi
Geburt
Kostheim in der Vorzeit. Von der Jungsteinzeit bis Christi
Geburt
Wiesbaden in der Steinzeit
Anno 1.000.000. Deutschland in der älteren Altsteinzeit
Das Protoacheuléen. Eine Kulturstufe der Altsteinzeit vor
etwa 1,2 Millionen bis 600.000 Jahren
Das Altacheuléen. Eine Kulturstufe der Altsteinzeit vor etwa
600.000 bis 350.000 Jahren
Das Jungacheuléen. Eine Kulturstufe der Altsteinzeit vor etwa
350.000 bis 150.000 Jahren

Das Spätacheuléen. Eine Kulturstufe der Altsteinzeit vor
etwa 150.000 bis 100.000 Jahren
Die Lanze von Lehringen. Der Jahrhundertfund aus der
Altsteinzeit
Das Moustérien – Die große Zeit der Neanderthaler
Das Aurignacien. Eine Kulturstufe der Altsteinzeit vor
etwa 40.000 bis 31.000 Jahren
Das Gravettien. Eine Kulturstufe der Altsteinzeit vor etwa
35.000 bis 24.000 Jahren
Das Magdalénien. Die Blütezeit der Rentierjäger vor etwa
18.000 bis 14.000 Jahren
Die Hamburger Kultur. Eine Kulturstufe der Altsteinzeit
vor etwa 15.700 bis 14.200 Jahren
Die Federmesser-Gruppen. Eine Kulturstufe der
Altsteinzeit vor etwa 14.000 bis 12.800 Jahren
Das Steinzeit-Grab von Bonn-Oberkassel. Ein rätselhafter
Fund aus der Zeit der Federmesser-Gruppen
Die Ahrensburger Kultur,. Eine Kulturstufe der
Altsteinzeit vor etwa 12.700 bis 11.650 Jahren
Die Altsteinzeit in Österreich., Jäger und Sammler vor
250.000 bis 10.000 Jahren
Das Jungacheuléen in Österreich
Das Moustérien in Österreich
Das Aurignacien in Österreich
Das Gravettien in Österreich
Das Magdalénien in Österreich
Das Magdalénien in der Schweiz
Die Mittelsteinzeit
Deutschland in der Mittelsteinzeit
Die Mittelsteinzeit in Baden-Württemberg
Die Mittelsteinzeit in Bayern

Kulturen der Jungsteinzeit vor etwa 3.900 bis 3.500 v. Chr.
Die Salzmünder Kultur. Eine Kultur der Jungsteinzeit vor
etwa 3.700 bis 3.200 v. Chr.
Die Chamer Gruppe. Eine Kulturstufe der Jungsteinzeit
vor
etwa 3.500 bis 2.800 v. Chr.
Die Wartberg-Kultur. Eine Kultur der Jungsteinzeit vor
etwa 3.500 bis 2.800 v. Chr.
Die Walternienburg-Bernburger Kultur. Eine Kultur der
Jungsteinzeit vor etwa 3.200 bis 2.800 v. Chr.
Die Kugelamphoren-Kultur. Eine Kultur der Jungsteinzeit
vor etwa 3.100 bis 2.700 v. Chr.
Die Schnurkeramischen Kulturen. Kulturen der
Jungsteinzeit von etwa 2.800 bis 2.400 v. Chr.
Die Einzelgrab-Kultur. Eine Kultur der Jungsteinzeit vor
etwa 2.800 bis 2.300 v. Chr.
Die Schönfelder Kultur. Eine Kultur der Jungsteinzeit vor
etwa 2.800 bis 2.200 v. Chr.
Die Glockenbecher-Kultur. Eine Kultur der Jungsteinzeit
vor etwa 2.500 bis 2.200 v. Chr.
Die ersten Bauern in Österreich. Die Linienband-
keramische Kultur vor etwa 5.500 bis 4.900 v. Chr.
Die Lengyel-Kultur in Österreich. Eine Kultur der
Jungsteinzeit vor etwa 4.900 bis 4.400 v. Chr.
Die Mondsee-Gruppe. Eine Kulturstufe der Jungsteinzeit
vor etwa 3.700 bis 2.900 v. Chr.
Die Badener Kultur in Österreich. Eine Kultur der
Jungsteinzeit vor etwa 3.600 bis 2.900 v. Chr.
Die ersten Pfahlbauten in der Schweiz. Die Anfänge der
Pfahlbauforschung und die Egolzwiler Kultur
Die Cortaillod-Kultur. Eine Kultur der Jungsteinzeit vor

etwa 4.000 bis 3.500 v. Chr.
Die Pfyner Kultur in der Schweiz. Eine Kultur der
Jungsteinzeit vor etwa 4.000 bis 3.500 v. Chr.
Die Horgener Kultur in der Schweiz. Eine Kultur der
Jungsteinzeit vor etwa 3.500 bis 2.800 v. Chr.
Die Schnurkeramiker in der Schweiz. Eine Kultur der
Jungsteinzeit vor etwa 2.800 bis 2.400 v. Chr.

www.ingramcontent.com/pod-product-compliance
Lightning Source LLC
Chambersburg PA
CBHW072303170526
45158CB00003BA/1163